U0397151

送给我的女儿小雪。

——张辰亮

图书在版编目(CIP)数据

恐龙日记/ 张辰亮著；何塞特绘. —北京：北京科学技术出版社，2019.10（2020.6重印）
（今天真好玩）
ISBN 978-7-5714-0472-7

Ⅰ.①恐… Ⅱ.①张…②何… Ⅲ.①恐龙－儿童读物 Ⅳ.①Q915.864-49

中国版本图书馆CIP数据核字（2019）第205139号

恐龙日记

作　　者：张辰亮	绘　　者：何塞特
策划编辑：代 冉	责任编辑：代 艳
责任印制：张 良	图文制作：天露霖
出 版 人：曾庆宇	出版发行：北京科学技术出版社
社　　址：北京西直门南大街16号	邮政编码：100035
电话传真：0086-10-66135495（总编室）	0086-10-66113227（发行部）
0086-10-66161952（发行部传真）	
电子信箱：bjkj@bjkjpress.com	
经　　销：新华书店	网　　址：www.bkydw.cn
开　　本：889mm×1194mm 1/16	印　　刷：北京利丰雅高长城印刷有限公司
版　　次：2019年10月第1版	印　　张：2.25
ISBN 978-7-5714-0472-7/Q·182	印　　次：2020年6月第2次印刷

定价：132.00元（全6册）

恐龙日记

张辰亮◎著　　何塞特◎绘

北京科学技术出版社

2月1日

　　好亮啊！我顶破了蛋壳，阳光照得我睁不开眼。

　　我在一个大土坑里，周围都是蛋，蛋下面铺着很多树叶。我身边还有个先出壳的哥哥，他被刚冒出来的我吓了一跳。

2月2日

　　弟弟妹妹们都出壳了。

　　我们互相起名字。我管哥哥叫"嗷嗷"，因为昨天他被我吓得"嗷嗷"叫。

　　哥哥叫我"杉杉"，因为我出壳时头上顶了一枝杉树枝。要不是他给我起了这个名字，我还不知道呢。

2月3日

我们躺在树叶上掰蛋壳玩。

突然，嗷嗷问："我们应该有爸爸妈妈吧？他们在哪儿呢？"

我们一起趴在巢边往外看。

哇！附近有好多一模一样的巢。

2 月 4 日

　　巢和巢之间，有很多大恐龙。离我们最近的一只走过来说："我是你们的叔叔，你们的爸爸妈妈去找吃的了，你们先吃一点儿巢里的树叶吧。"

原来叶子可以吃呀！我们
都饿了，抓起树叶就嚼。可是，
树叶好硬，我们嚼不动。爸爸
妈妈，快回来喂我们吧！

2 月 5 日

　　我们想了一个好主意，把脑袋搭在巢边，看向不同的方向，谁看到爸爸妈妈就通知大家。

　　没过多久，嗷嗷指着树林喊："有两只大恐龙跑过来了！应该是爸爸妈妈！"

　　跑来的大恐龙气喘吁吁地说："对不起！爸爸妈妈来晚了！你们饿了吧？"

　　哈哈！真的是爸爸妈妈！我们开心地蹭着他们的脑袋。

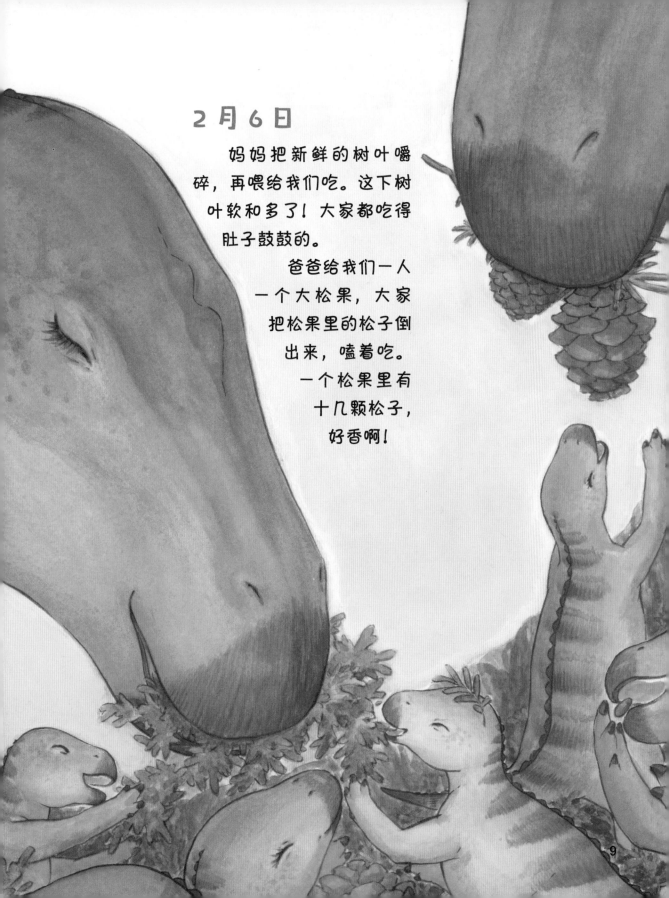

2 月 6 日

妈妈把新鲜的树叶嚼碎，再喂给我们吃。这下树叶软和多了！大家都吃得肚子鼓鼓的。

爸爸给我们一人一个大松果，大家把松果里的松子倒出来，嗑着吃。

一个松果里有十几颗松子，好香啊！

2月7日

爸爸说，他和妈妈去找吃的，结果迷路了。
多亏叔叔帮忙照看，我们才能顺利出壳。

妈妈说："我们是慈母龙，我们成年恐龙会
照顾宝宝，这在恐龙世界里不多见。但是，妈妈
之前没照顾好你们，真抱歉！"

我们说："没关系，您能平安回家就好！"

4 月 1 日

　　我们吃了爸爸妈妈喂的食物，长得很快。刚出生时我才30厘米长，现在已经1.5米了！巢里装不下我们了。

　　嗷嗷带头爬出了巢，我们顺着巢边滑了下去。

　　"嗖——"

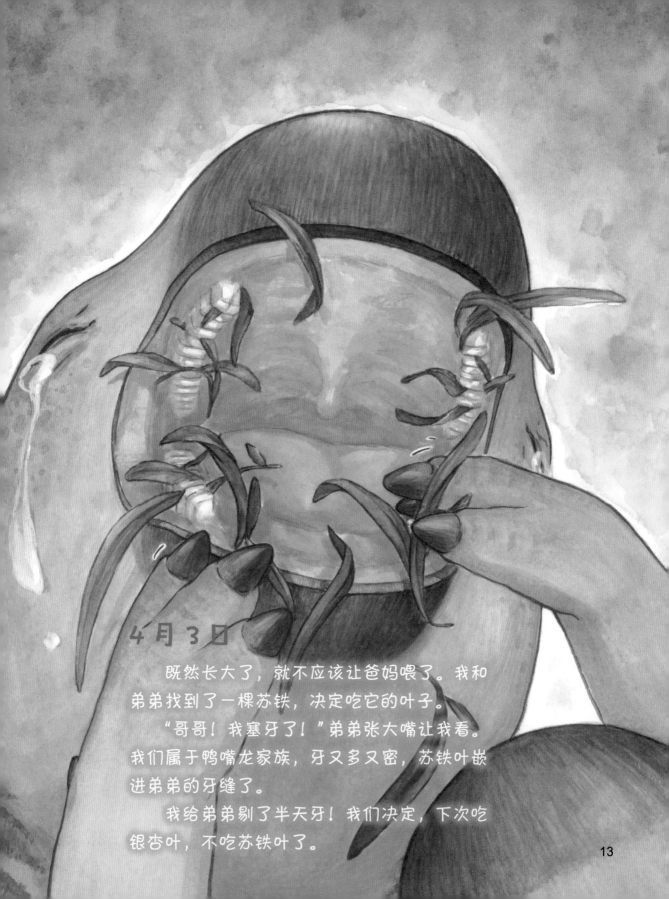

4月3日

　　既然长大了，就不应该让爸妈喂了。我和弟弟找到了一棵苏铁，决定吃它的叶子。

　　"哥哥！我塞牙了！"弟弟张大嘴让我看。我们属于鸭嘴龙家族，牙又多又密，苏铁叶嵌进弟弟的牙缝了。

　　我给弟弟剔了半天牙！我们决定，下次吃银杏叶，不吃苏铁叶了。

4 月 15 日

今天，我们全家外出散步。

爸爸、妈妈、叔叔和婶婶在外侧走，把我们小朋友围在里面，就为了保证我们的安全。

4月 18日

　　我在追一只蜻蜓，但我的手指太短了，抓不住蜻蜓。

　　一只伤齿龙跑过来，抓住了蜻蜓。我正要道谢，他却"啊呜"一口吃掉了蜻蜓。

伤齿龙说，他爱吃蜻蜓。蜻蜓无论怎么飞，都会被他抓住。

伤齿龙还用蜻蜓翅做了一条项链，送给我当礼物。

爸爸看到后说："伤齿龙的智商是恐龙里最高的，这种项链我一辈子也做不出来！"

伤齿龙送给我的

我送给伤齿龙的

就在大家午睡时，不远处传来了"咚咚"的声音。吵死了！

原来，是两只肿头龙在互相撞头。
"你们这样做没礼貌吧？"叔叔问。
"我们头很硬，习惯用撞头解决分歧，不疼，放心吧！"一只肿头龙说。

"我的意思是，你们打扰我们睡觉没礼貌！"就这样，叔叔把肿头龙赶走了。

18

晚上，大恐龙们都在忙活。
好多小恐龙趁机学肿头龙撞头，
结果都撞得晕头转向，包括我。

妈妈教训我们说："没那么
硬的头，就别学肿头龙！"

6 月 20 日

　　阳光被什么东西挡住了。原来是一只超级大的翼龙，他的两翼展开有 11 米长。

　　"是风神翼龙！"婶婶们赶紧把刚出生不久的宝宝们叫到身边。听说这种翼龙降落后，会一边走一边抓小恐龙吃。

　　我个子已经很大了，他应该抓不住我吧。

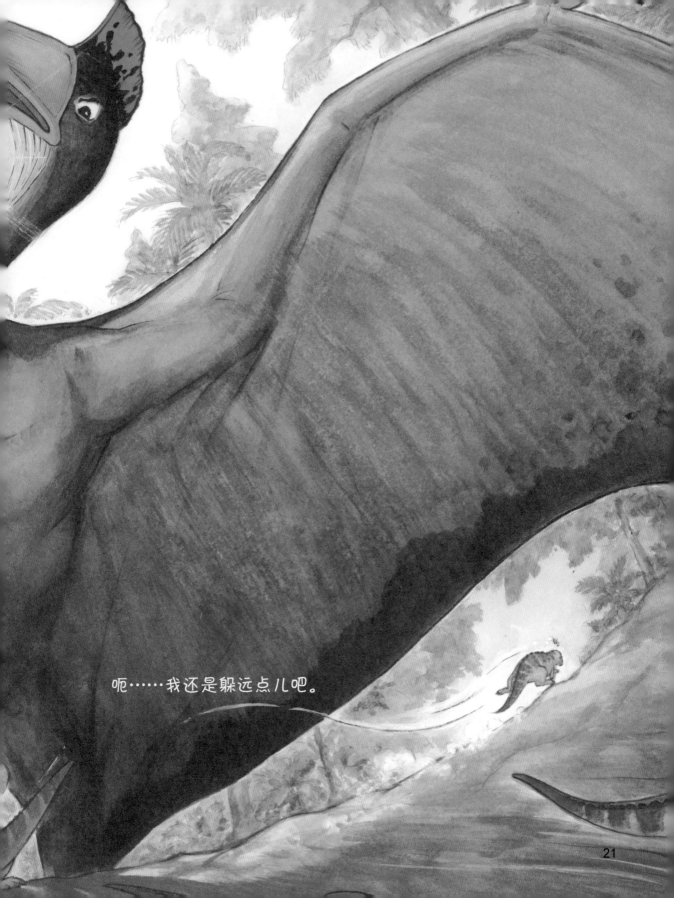

呃……我还是躲远点儿吧。

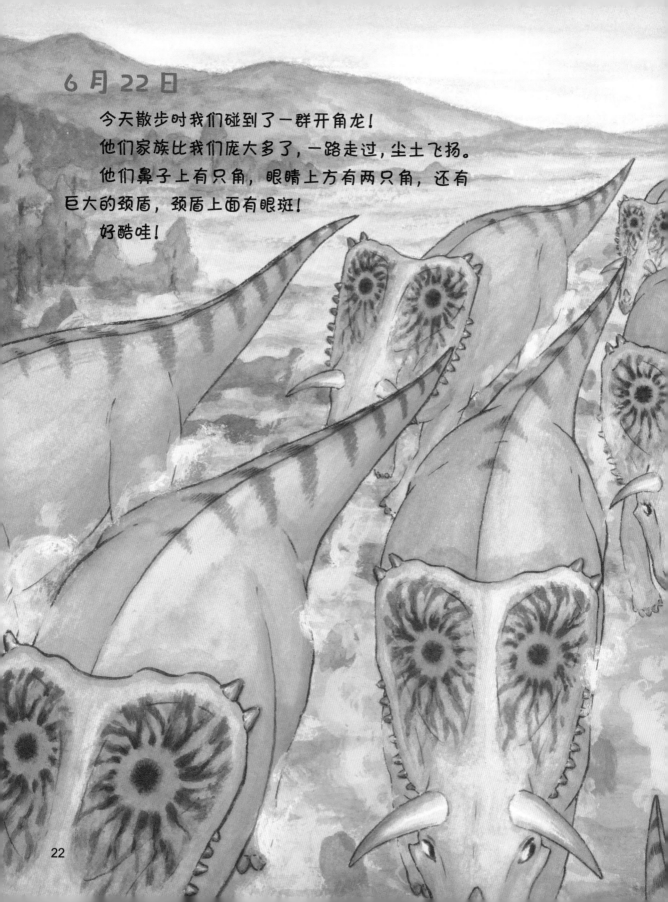

6 月 22 日

今天散步时我们碰到了一群开角龙！

他们家族比我们庞大多了，一路走过，尘土飞扬。

他们鼻子上有只角，眼睛上方有两只角，还有巨大的颈盾，颈盾上面有眼斑！

好酷哇！

有只开角龙的颈盾上有个大窟窿。我问："你的颈盾应该很硬吧？为什么会破呢？"

他哭着说："我们的颈盾其实是空心的，只有外面蒙了一层皮。我跟戟龙打架，他把我的颈盾戳破了！"

23

6 月 23 日

今天，我遇到了那只戳破开角龙颈盾的戟龙。

他的颈盾上长着一圈长长的尖角，比开角龙还酷！

"我就是用左数第三只角打败开角龙的！"戟龙说，"不过没关系，过几天他的伤口就能长好。"

7月1日

　　暴龙来啦！他们是最可怕的恐龙，连爸爸都怕他们。我们遇到暴龙，除了跑，没有别的办法。

　　"看我的！"戟龙冲上前，一憋气，他的颈盾就变红了！暴龙吓了一跳。

　　戟龙趁机用鼻子上的角一顶，就顶伤了暴龙的腿。暴龙逃走了！

7 月 2 日

听说这次暴龙跑得很远,我们不用再担惊受怕了。大家给戟龙举办了答谢宴,给他献上木兰花束和鹅掌楸桂冠,我也从头上摘了一片心爱的杉树叶送给他。

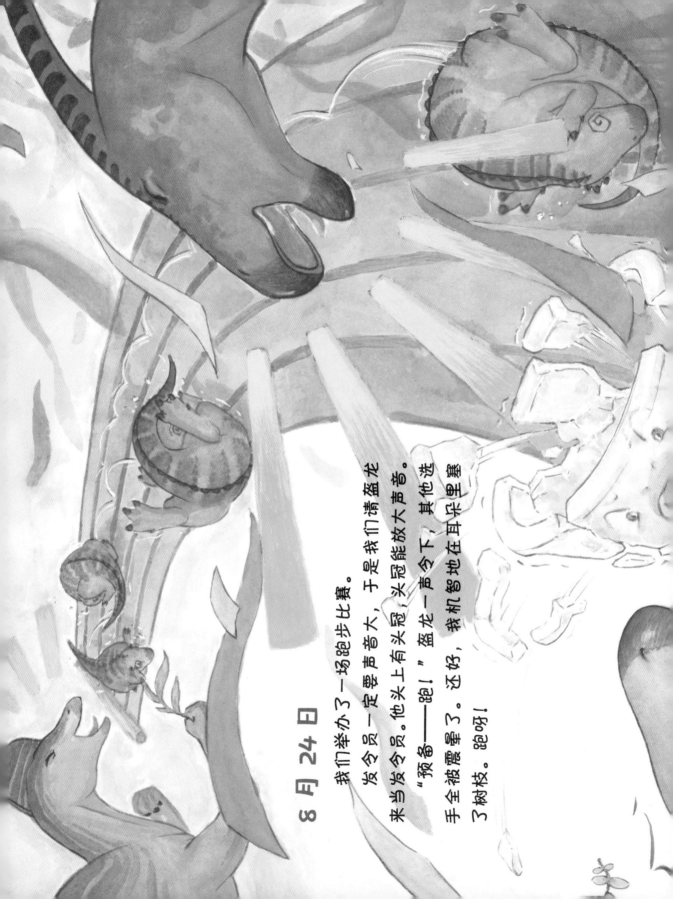

8 月 24 日

我们举办了一场跑步比赛。

发令员一定要声音大，于是我们请盔龙来当发令员。他头上有头冠，头冠能放大声音。

"预备——跑！"盔龙一声令下，其他选手全被震晕了。还好，我机智地在耳朵里塞了树枝。跑呀，跑呀！

冠军当然是我啦！伤齿龙用捡到的水晶做了一座奖杯，剐栉龙把奖杯颁给了我。

"恭喜你！"剐栉龙头冠更大，声音更长，他的声音震碎了奖杯，奖杯都被震碎了。

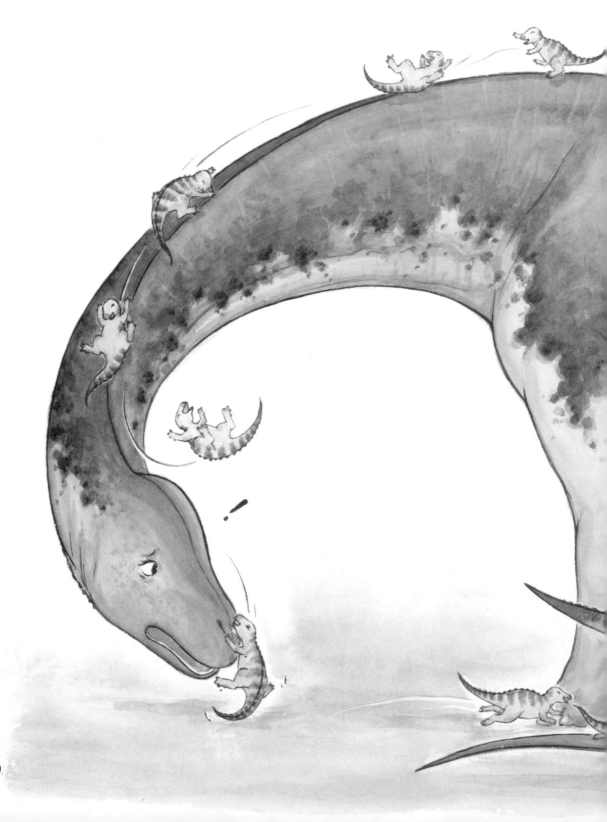

9月9日

新出壳的弟弟妹妹们沿着阿拉莫龙的尾巴往上爬，再抱着他的脖子滑下来。

我也想玩，可是阿拉莫龙说："你个子太大了，我的脖子可受不了。"

11 月 7 日

秋天来了！银杏叶落了一地。我长得
更大了。

我一边在地上打滚，一边吃银杏叶。

我会长得更高更大，成为一只大恐龙！